Marco Antonio González Morales

Álgebra Linear para Actividades de Ensino

Marco Antonio González Morales

Álgebra Linear para Actividades de Ensino

Vol. II

ScienciaScripts

Imprint

Cover image: www.ingimage.com

This book is a translation from the original published under ISBN 978-613-9-40621-0.

Publisher:
Sciencia Scripts
is a trademark of
Dodo Books Indian Ocean Ltd. and OmniScriptum S.R.L publishing group

120 High Road, East Finchley, London, N2 9ED, United Kingdom
Str. Armeneasca 28/1, office 1, Chisinau MD-2012, Republic of Moldova, Europe
Printed at: see last page
ISBN: 978-620-7-97690-4

ÁLGEBRA LINEAR PARA O ENSINO

VOL. II

Marco António González Morales
marco.gonzalez@academicos.udg.mx

INTRODUÇÃO

O principal objetivo deste material é ter uma narrativa amigável e digerível para todos os colegas que se estão a iniciar na maravilhosa e enriquecedora carreira docente, lecionando tópicos relacionados com a Álgebra Linear para a área da engenharia, e também para ajudar os alunos a compreender os tópicos, conceitos e métodos da Álgebra Linear de uma forma mais amigável numa linguagem menos densa em termos técnicos.

A Álgebra Linear é uma parte essencial da formação matemática de todos os cientistas, administradores e engenheiros, uma vez que as suas aplicações são numerosas nas áreas da física, química, engenharia biomédica, computação gráfica, processamento de imagem, otimização de processos, entre muitas outras.

No conteúdo deste material, encontrará os seguintes tópicos:

1. matrizes
2. Factores determinantes

Por isso, faz-se referência a grandes autores de livros voltados para a álgebra linear, como Baldor (Baldor, 2019) com autorias sobre Álgebra, e outros autores especialistas no assunto (David C. Lay, Ron Larson, Grossman, Estrada, Guzmán, entre outros) é por isso que este projeto intitulado ***Álgebra Lineal para la Actividad Docente.*** Este segundo volume trata de ***Matrizes*** e ***Determinantes***; com a demonstração de exercícios relacionados com os métodos e um apêndice de exercícios propostos para a prática.

ÍNDICE

O QUE SÃO MATRIZES E DETERMINANTES EM ÁLGEBRA LINEAR?

Em ***Álgebra Linear***, uma ***matriz*** é uma estrutura fundamental utilizada para representar e manipular dados numéricos de uma forma organizada. Uma matriz é essencialmente um conjunto bidimensional de números dispostos em linhas e colunas. Cada número numa matriz é chamado "***elemento***" e é identificado pela sua posição na linha e coluna correspondentes do modo:

$$A = \underbrace{\begin{pmatrix} a_{11} & a_{12} & a_{13} & \cdots & a_{1n} \\ a_{21} & a_{22} & a_{23} & \cdots & a_{2n} \\ \vdots & \vdots & \vdots & \ddots & \vdots \\ a_{m1} & a_{m2} & a_{m3} & \cdots & a_{mn} \end{pmatrix}}_{\text{Columnas de la matriz A}} \begin{matrix} \leftarrow \\ \leftarrow \\ \leftarrow \\ \leftarrow \end{matrix} \left.\vphantom{\begin{matrix} a \\ a \\ a \\ a \end{matrix}}\right\} \text{Filas de la matriz A}$$

*ij****As matrizes são geralmente representadas por letras maiúsculas***, como **A**, **B**, **C**, etc. e são expressas como **A** = (***a***). Cada elemento da matriz tem dois subscritos. O primeiro deles, "***i***", indica a ***linha*** em que o elemento está localizado, e o segundo, "***j***", a ***coluna***. *23*Assim, o elemento ***a*** está na ***linha 2*** e na ***coluna 3***.

Se uma matriz tem ***m*** linhas e ***n*** colunas, diz-se que tem um ***tamanho mxn*** ou que tem ***mxn dimensões***. Por exemplo, uma matriz 2 x 3 tem 2 linhas e 3 colunas. (Larson, 2013)

Aqui está um exemplo de uma matriz 2 x 3:

$$\mathbf{A} = \begin{pmatrix} 1 & 2 & 3 \\ 4 & 5 & 6 \end{pmatrix}_{2x3}$$

As matrizes são utilizadas no contexto da ciência como elementos que servem para classificar valores numéricos de acordo com dois critérios ou variáveis.

Alguns conceitos-chave relacionados com as matrizes em álgebra linear incluem:

Elementos: Estes são os valores individuais dentro da matriz, como os números 1, 2, 3, 3, 4, 5 e 6 na matriz acima.

Linhas e colunas: As linhas são organizadas horizontalmente, enquanto as colunas são organizadas verticalmente. No exemplo acima, a primeira linha é [1, 2, 3] e a segunda linha é [4, 5, 6].

Tamanho ou dimensão: refere-se ao número de linhas e colunas de uma matriz. No exemplo acima, a matriz tem um tamanho de 2 x 3.

Matriz quadrada: Quando uma matriz tem o mesmo número de linhas e colunas, é chamada de matriz quadrada. Por exemplo, uma matriz 3 x 3 é quadrada.

Matriz identidade: Uma matriz quadrada em que todos os elementos são zeros, exceto os da diagonal principal (do canto superior esquerdo para o canto inferior direito), que são todos iguais a 1.

Operações com matrizes: Podem ser efectuadas várias operações com matrizes, tais como adição, subtração, multiplicação, transposição, inversão, entre outras.

As matrizes são utilizadas numa grande variedade de aplicações em matemática, física, ciências da computação, estatística, engenharia e muitas outras disciplinas. ***São uma ferramenta poderosa para resolver sistemas de equações lineares, representar transformações lineares e efetuar cálculos em álgebra linear e análise numérica***. (Grossman, 2019)

Por outro lado, o ***determinante*** é uma função numérica associada a uma matriz quadrada. Em álgebra linear, o determinante de uma matriz é uma medida utilizada em várias aplicações, como a resolução de sistemas de equações lineares, a inversão de matrizes e a determinação da independência linear de um conjunto de vectores. (Guzman, 2011)

O ***determinante de uma matriz quadrada A*** é tipicamente denotado como ***det(A)*** ou |**A**|, e é calculado de diferentes maneiras, dependendo do tamanho da matriz. Para uma matriz 2x2:

Se A é uma matriz 2x2:

$$\mathbf{A} = \begin{pmatrix} a & b \\ c & d \end{pmatrix}_{2x2}$$

O determinante de **A** é calculado como

$$\boldsymbol{det(\mathrm{A}) = (a \cdot d) - (c \cdot b)}$$

Para uma matriz 3x3:

$$A = \begin{pmatrix} a & b & c \\ d & e & f \\ g & h & i \end{pmatrix}_{3x3}$$

O determinante de **A** é calculado pela "***regra*** de ***Sarrus***" do seguinte modo

$$det(A) = a(e \cdot i - f \cdot h) - b(d \cdot i - f \cdot g) + c(d \cdot h - e \cdot g)$$

Para matrizes maiores, como 4x4 ou mais, são utilizados métodos mais avançados, como a ***expansão de cofactores*** ou a ***Regra de Laplace***.

O determinante de uma matriz tem algumas propriedades importantes:

- *O determinante de uma matriz é zero se e só se a matriz for singular, o que significa que não tem inversa.*
- *O determinante de uma matriz é o produto dos determinantes dos seus factores elementares, ou seja, se pudermos exprimir uma matriz como um produto de matrizes mais pequenas, podemos calcular o seu determinante decompondo o cálculo.*
- *O determinante da matriz identidade (uma matriz quadrada com uns na diagonal principal e zeros em todo o lado) é igual a 1.*
- *O determinante de uma matriz muda quando as suas linhas ou colunas são trocadas.*
- *O determinante de uma matriz escalar (uma matriz com um único número em todo o lado) é igual ao número elevado à potência do número de linhas (ou colunas) da matriz.*

Os determinantes são úteis numa variedade de contextos, como a resolução de sistemas de equações lineares, a inversão de matrizes e a determinação da independência linear de vectores. São também utilizados na teoria dos determinantes em matemática avançada e em domínios como a geometria e a física. (Lay, 2007)

CARACTERÍSTICAS E TIPOS DE MATRIZES

Uma ***matriz*** é um conjunto de elementos dispostos em ***Linhas*** (filas) e ***Colunas***.

Exemplos:

$A = \begin{pmatrix} 1 & 3 \\ 6 & 5 \\ 5 & 2 \end{pmatrix}$ ou seja, é uma matriz de **ORDEM** 3x2.

$B = \begin{pmatrix} 2 & 5 & 7 \\ 3 & 4 & 2 \end{pmatrix}$ ou seja, é uma matriz de 2x3 **DIMENSÕES**

É importante referir que a palavra **ORDEM** é sinónimo de **DIMENSÃO.**

111111Cada **ELEMENTO** da matriz é identificado com a letra minúscula correspondente à matriz, ou seja, o primeiro elemento da **Matriz A** seria , cuja numeração enfatiza a localização de onde se encontra, **ou** seja, o elemento corresponde à primeira Linha e à primeira Coluna.

$A = \begin{pmatrix} 1 & 3 \\ 7 & 2 \\ 3 & 4 \end{pmatrix}_{3x2}$ (a_{11} = 1, a_{22} = 2) $B = \begin{pmatrix} 1 & 3 & 2 \\ 3 & 4 & 5 \end{pmatrix}_{2x3}$ (b_{11} = 1, b_{23} = 5)

A_{ij} b_{ij}

i = Filas
j = Columnas

Exercícios:

$A = \begin{pmatrix} 1 & 3 & 4 & 2 \\ 7 & 2 & -7 & 3 \\ 3 & 4 & 1 & 0 \end{pmatrix}$

ORDEN = 3 x 4
a21 = 7
a34 = 0
a43 = No hay

$B = \begin{pmatrix} 1 & 3 \\ 7 & 2 \\ 3 & 4 \\ 4 & 6 \end{pmatrix}$

ORDEN = 4 x 2
b11 = 1
b21 = 7
b22 = 2
b31 = 3
b42= 6

MATRIZ QUADRADA

Uma ***matriz quadrada*** é aquela cujas **linhas** e **colunas** ***são iguais***, ou seja, ***2x2, 3x3, 4x4, ... , nxn.*** E os ***conceitos para sua interpretação*** são:

112233mnO **DIAGONAL PRINCIPAL** é o formado pelos elementos **at , at , at , at , ... at** .

$$A = \begin{pmatrix} -5 & -2 \\ 4 & 0 \end{pmatrix}_{2x2} \qquad B = \begin{pmatrix} -2 & 6 & 4 \\ 8 & 12 & -9 \\ 15 & -6 & -4 \end{pmatrix}_{3x3}$$

TRAÇO: é a soma dos elementos da **Diagonal Principal**, respeitando os sinais dos elementos, ou seja:

$$A = \begin{pmatrix} -5 & -2 \\ 4 & 0 \end{pmatrix}_{2x2} \qquad B = \begin{pmatrix} -2 & 6 & 4 \\ 8 & 12 & -9 \\ 15 & -6 & -4 \end{pmatrix}_{3x3}$$

A= (-5) + 0 = -5 **B = -2 + 12 + (-4) = 6**

TRINGULAR SUPERIOR: é a matriz em que os elementos **abaixo da** diagonal principal são todos zeros.

$$A = \begin{pmatrix} -2 & 6 & 4 \\ \mathbf{0} & 12 & -9 \\ \mathbf{0} & \mathbf{0} & -4 \end{pmatrix}_{3x3}$$

TRINGULAR INFERIOR: é a matriz em que os elementos **acima da** diagonal principal são todos zeros.

$$A = \begin{pmatrix} -2 & \mathbf{0} & \mathbf{0} \\ 8 & 12 & \mathbf{0} \\ 15 & -6 & -4 \end{pmatrix}_{3x3}$$

MATRIZ DIAGONAL: é a matriz em que os elementos que NÃO estão na diagonal principal são zeros.

$$A = \begin{pmatrix} 5 & 0 \\ 0 & 4 \end{pmatrix}_{2x2} \qquad B = \begin{pmatrix} 3 & 0 & 0 \\ 0 & 8 & 0 \\ 0 & 0 & 4 \end{pmatrix}_{3x3}$$

- *Outra caraterística da matriz diagonal é o facto de ser simultaneamente triangular superior e triangular inferior.*

MATRIZ DE IDENTIDADE: é uma matriz diagonal em que **todos os elementos** da **diagonal principal são uns**.

$$M = \begin{pmatrix} 1 & 0 \\ 0 & 1 \end{pmatrix}_{2x2} \qquad N = \begin{pmatrix} 1 & 0 & 0 \\ 0 & 1 & 0 \\ 0 & 0 & 1 \end{pmatrix}_{3x3}$$

MATRIZ ESCALAR: é uma matriz diagonal em que **todos os elementos** da **diagonal principal são iguais**.

$$A = \begin{pmatrix} 5 & 0 & 0 \\ 0 & 5 & 0 \\ 0 & 0 & 5 \end{pmatrix}_{3x3} \qquad B = \begin{pmatrix} -4 & 0 \\ 0 & -4 \end{pmatrix}_{2x2}$$

Exemplos.

$$D = \begin{pmatrix} \mathbf{3} & 0 \\ 0 & \mathbf{3} \end{pmatrix}_{2x2}$$

ESCALAR

$$E = \begin{pmatrix} 1 & 7 & 3 \\ 5 & 4 & 2 \\ 8 & 2 & 1 \end{pmatrix}_{3x3}$$

MATRIZ CUADRADA

$$F = \begin{pmatrix} 6 & 8 & -2 & 4 \\ 0 & 1 & 0 & 5 \\ 0 & 0 & 2 & 2 \\ 0 & 0 & 0 & 4 \end{pmatrix}_{4x4}$$

TRIANGULAR SUPERIOR

$$G = \begin{pmatrix} 6 & 0 & 0 & 0 \\ 4 & 1 & 0 & 0 \\ 2 & 4 & 2 & 0 \\ 6 & 5 & 3 & 4 \end{pmatrix}_{4x4}$$

TRIANGULAR INFERIOR

Da mesma forma, existem diferentes ***tipos de matrizes***, que podem ser identificadas da seguinte forma:

Uma matriz de linhas também é conhecida como um **vetor de linhas**, que é constituído por uma única linha.

$$A = (a_{11} \quad a_{12} \quad a_{13} \quad \ldots \quad 1_{an})_{1xn}$$

Ejemplos...

$$(5 \quad 3 \quad 2)_{1x3} \qquad (-7 \quad 12 \quad 0 \quad 3)_{1x4}$$

MATRIZ DE COLUNA: também conhecida como **VECTOR DE COLUNA**, é constituída por uma única coluna.

Ejemplos...

$$A = \begin{pmatrix} a_{11} \\ a_{21} \\ a_{31} \\ \vdots \\ a_{m1} \end{pmatrix}_{mx4} \qquad \begin{pmatrix} 5 \\ 0 \\ -2 \end{pmatrix}_{3x1} \qquad \begin{pmatrix} -6 \\ 8 \\ 12 \\ -3 \end{pmatrix}_{4x1}$$

MATRIZ NULA: é uma matriz em que todos os seus elementos são nulos (zeros).

$$M = \begin{pmatrix} 0 & 0 & 0 & 0 \\ 0 & 0 & 0 & 0 \\ 0 & 0 & 0 & 0 \end{pmatrix}_{3x4}$$

MATRIZ QUADRADA: é constituída pelo mesmo número de linhas e de colunas.

$$A = \begin{pmatrix} -5 & 0 \\ 7 & 9 \end{pmatrix}_{2x2} \qquad B = \begin{pmatrix} 4 & 8 & -5 \\ 0 & 0 & 2 \\ 13 & -4 & -10 \end{pmatrix}_{3x3}$$

112233mn**DIAGONAL MAIOR (DOMINANTE)**: é aquele formado pelos elementos **a , a , a , a , ... a** .

$$A = \begin{pmatrix} -5 & 0 \\ 7 & 9 \end{pmatrix}_{2x2} \qquad B = \begin{pmatrix} 4 & 8 & -5 \\ 0 & 0 & 2 \\ 13 & -4 & -10 \end{pmatrix}_{3x3}$$

ij**DIAGONAL MENOR**: é aquele formado pelos elementos **a** , onde $i + j = n + 1$.

$$A = \begin{pmatrix} -5 & 0 \\ 7 & 9 \end{pmatrix}_{2x2} \qquad B = \begin{pmatrix} 4 & 8 & -5 \\ 0 & 0 & 2 \\ 13 & -4 & -10 \end{pmatrix}_{3x3}$$

Exemplos.

$$A = \begin{pmatrix} 0 & 0 \\ 0 & 0 \end{pmatrix}_{2x2}$$

NULA Y CUADRADA

$$B = \begin{pmatrix} 2 & 4 \\ 3 & 1 \end{pmatrix}_{2x2}$$

CUADRADA DIAGONAL MENOR

$$C = \begin{pmatrix} 5 & -8 & 23 & 4 \end{pmatrix}_{1x4}$$

FILA

$$D = \begin{pmatrix} 12 \\ 4 \\ 9 \end{pmatrix}_{3x1}$$

COLUMNA

$$E = \begin{pmatrix} 4 & 8 & -5 \\ 0 & 0 & 2 \\ 13 & -4 & -10 \end{pmatrix}_{3x3}$$

CUADRADA DIAGONAL MAYOR

MATRIZES EQUIVALENTES (A~B)

Diz-se que são equivalentes quando têm as mesmas respostas.

Primeira forma. Trocar duas linhas ou colunas entre si.

$$\boxed{F1 \longleftrightarrow F2}$$

$$\begin{pmatrix} 3 & -2 & 5 \\ 4 & -6 & 8 \\ -7 & 0 & 4 \end{pmatrix} \sim \begin{pmatrix} \mathbf{-7} & \mathbf{0} & \mathbf{4} \\ 4 & 4 & 3 \\ \mathbf{3} & \mathbf{-2} & \mathbf{5} \end{pmatrix}$$

Segunda forma. Multiplicar uma linha ou colunas por um número diferente de zero.

$$\boxed{F3 \longleftrightarrow 4F3}$$

$$\begin{pmatrix} 3 & -2 & 5 \\ 4 & -6 & 8 \\ -7 & 0 & 4 \end{pmatrix} \sim \begin{pmatrix} -7 & 0 & 4 \\ 4 & 4 & 3 \\ \mathbf{-28} & \mathbf{0} & \mathbf{16} \end{pmatrix}$$

Terceira forma. Adicionar a uma linha com outra linha (colunas).

$$\boxed{F2 \longleftrightarrow F2 + F1}$$

$$\begin{pmatrix} 3 & -2 & 5 \\ 4 & -6 & 8 \\ -7 & 0 & 4 \end{pmatrix} \sim \begin{pmatrix} 3 & -2 & 5 \\ \mathbf{7} & \mathbf{-8} & \mathbf{13} \\ -7 & 0 & 4 \end{pmatrix}$$

Quarta forma. Eliminar ou acrescentar uma linha ou coluna NULL.

$$\begin{pmatrix} 3 & -2 & 5 \\ 4 & -6 & 8 \\ -7 & 0 & 4 \end{pmatrix} \sim \begin{pmatrix} 3 & -2 & 5 \\ 4 & -6 & 8 \\ -7 & 0 & 4 \\ \mathbf{0} & \mathbf{0} & \mathbf{0} \end{pmatrix}$$

Exemplo.

$$\begin{pmatrix} 3 & -2 & 5 \\ 4 & 0 & -2 \\ -3 & 9 & 1 \end{pmatrix} \qquad \begin{matrix} \\ \\ F3 + F2 \end{matrix}\begin{pmatrix} 3 & -2 & 5 \\ 4 & -6 & 8 \\ \mathbf{1} & \mathbf{9} & \mathbf{-1} \end{pmatrix}$$

$$\begin{matrix} \\ 2(F2) \\ \\ \end{matrix}\begin{pmatrix} 3 & -2 & 5 \\ \mathbf{8} & \mathbf{0} & \mathbf{-4} \\ 1 & 9 & -1 \end{pmatrix} \qquad \begin{matrix} F1+F3 \\ \\ \\ \end{matrix}\begin{pmatrix} \mathbf{4} & \mathbf{7} & \mathbf{4} \\ 8 & 0 & -4 \\ 1 & 9 & -1 \end{pmatrix}$$

MATRIZ TRANSPOSTA E SUAS CARACTERÍSTICAS

[t]Chama-se matriz de transposição de **A** e **A** é a matriz que se obtém trocando as linhas pelas colunas, ordenadamente.

Por exemplo, se tivermos uma matriz 3x3, obtemos a transposição de uma matriz 3x3.

$$A = \begin{pmatrix} 5 & -2 & 8 \\ 7 & 1 & 0 \\ -4 & -7 & -6 \end{pmatrix}_{3x3}$$

$$A^t = \begin{pmatrix} 5 & 7 & -4 \\ -2 & 1 & -7 \\ 8 & 0 & -6 \end{pmatrix}_{3x3}$$

E para uma matriz 2x4 obtém-se a transposição de uma matriz 4x2.

$$B = \begin{pmatrix} 1 & 0 & -5 & 6 \\ 2 & 8 & 4 & -9 \end{pmatrix}_{2x4}$$

$$B^t = \begin{pmatrix} 1 & 2 \\ 0 & 8 \\ -5 & 4 \\ 6 & -9 \end{pmatrix}_{4x2}$$

Uma matriz quadrada é chamada SIMÉTRICA se for igual à sua transposta.

$$M = \begin{pmatrix} 2 & 4 & -8 \\ 4 & -3 & 5 \\ -8 & 5 & 0 \end{pmatrix}_{3x3}$$

$$M^t = \begin{pmatrix} 2 & 4 & -8 \\ 4 & -3 & 5 \\ -8 & 5 & 0 \end{pmatrix}_{3x3}$$

Uma ***propriedade da transposição*** é que a transposição da mesma transposição de uma matriz é igual à matriz original.

$$\boxed{(A^t)^t = A}$$

$$A = \begin{pmatrix} 6 & 4 \\ -2 & 8 \\ 3 & 1 \end{pmatrix}_{3x2}$$

$$A^t = \begin{pmatrix} 6 & -2 & 3 \\ 4 & 8 & -1 \end{pmatrix}_{2x3} \qquad (A^t)^t = \begin{pmatrix} 6 & 4 \\ -2 & 8 \\ 3 & 1 \end{pmatrix}_{3x2}$$

Exemplos:

$$M = \begin{pmatrix} -1 & 0 & 5 \\ 8 & 2 & 3 \end{pmatrix}_{2x3} \qquad M^t = \begin{pmatrix} -1 & 8 \\ 0 & 2 \\ 5 & 3 \end{pmatrix}_{3x2}$$

$$N = \begin{pmatrix} 0 & 1 & 4 \\ -2 & 8 & 3 \\ 15 & -4 & 0 \end{pmatrix}_{3x3} \qquad N^t = \begin{pmatrix} 0 & -2 & 15 \\ 1 & 8 & -4 \\ 4 & 3 & 0 \end{pmatrix}_{3x3}$$

$$D = \begin{pmatrix} 0 & 1 \\ 2 & 3 \end{pmatrix}_{2x2} \qquad D^t = \begin{pmatrix} 0 & 2 \\ 1 & 3 \end{pmatrix}_{2x2}$$

OPERAÇÕES MATRICIAIS

SOMA DAS MATRIZES (A+B)

A adição de duas matrizes só pode ser efectuada entre matrizes da **MESMA ORDEM**.

$$A = \begin{pmatrix} -3 & 0 \\ 2 & 5 \\ 8 & -7 \end{pmatrix}_{3x2} \qquad B = \begin{pmatrix} 7 & -5 \\ 4 & -2 \\ 1 & -4 \end{pmatrix}_{3x2}$$

$$A + B = \begin{pmatrix} -3 + 7 & 0 + (-5) \\ 2 + 4 & 5 + (-2) \\ 8 + 1 & -7 + (-4) \end{pmatrix} \qquad A + B = \begin{pmatrix} 4 & -5 \\ 6 & 3 \\ 9 & -11 \end{pmatrix}$$

Exemplo.

$$A = \begin{pmatrix} -5 & 10 & 0 \\ 2 & -14 & 9 \\ -6 & 3 & 8 \end{pmatrix} \quad B = \begin{pmatrix} -8 & 3 & 4 \\ -9 & 7 & -5 \\ 15 & -3 & 0 \end{pmatrix} \quad C = \begin{pmatrix} 5 & 0 & 2 \\ -4 & 6 & 10 \\ 0 & -5 & 1 \end{pmatrix}$$

$$A + B = \begin{pmatrix} -13 & 13 & 4 \\ -7 & -7 & 4 \\ 9 & 0 & 8 \end{pmatrix} \qquad B + C = \begin{pmatrix} -3 & 3 & 6 \\ -13 & 13 & 5 \\ 15 & -8 & 1 \end{pmatrix}$$

$$A + C = \begin{pmatrix} 0 & 10 & 2 \\ -2 & -8 & 19 \\ -6 & -2 & 9 \end{pmatrix} \qquad A + B + C = \begin{pmatrix} -8 & 13 & 6 \\ -11 & -1 & 14 \\ 9 & -5 & 9 \end{pmatrix}$$

SUBTRACÇÃO DE MATRIZES (A-B)

A subtração de duas matrizes só pode ser efectuada entre matrizes da **MESMA ORDEM**.

$$A = \begin{pmatrix} -3 & 0 \\ 2 & 5 \\ 8 & -7 \end{pmatrix}_{3x2} \qquad B = \begin{pmatrix} 7 & -5 \\ 4 & -2 \\ 1 & -4 \end{pmatrix}_{3x2}$$

$$A - B = \begin{pmatrix} -3 - 7 & 0 - (-5) \\ 2 - 4 & 5 - (-2) \\ 8 - 1 & -7 - (-4) \end{pmatrix} \qquad A - B = \begin{pmatrix} -10 & 5 \\ -2 & 7 \\ 7 & -3 \end{pmatrix}$$

Outra forma de efetuar as operações de subtração é mudar os sinais de todos os elementos da matriz B.

$$\boxed{A - B = A + (-B)}$$

$$A = \begin{pmatrix} -3 & 0 \\ 2 & 5 \\ 8 & -7 \end{pmatrix}_{3x2} \qquad B = \begin{pmatrix} 7 & -5 \\ 4 & -2 \\ 1 & -4 \end{pmatrix}_{3x2}$$

$$A - B = \begin{pmatrix} -3 - 7 & 0 - (-5) \\ 2 - 4 & 5 - (-2) \\ 8 - 1 & -7 - (-4) \end{pmatrix} \qquad A - B = \begin{pmatrix} -10 & 5 \\ -2 & 7 \\ 7 & -3 \end{pmatrix}$$

Exemplo.

$$A = \begin{pmatrix} 0 & -8 & 9 \\ 14 & -3 & 5 \\ 20 & 0 & -15 \end{pmatrix} \qquad B = \begin{pmatrix} 4 & -2 & 6 \\ 7 & 5 & 12 \\ 0 & -2 & -8 \end{pmatrix}$$

$$-A = \begin{pmatrix} 0 & 8 & -9 \\ -14 & 3 & -5 \\ -20 & 0 & 15 \end{pmatrix} \qquad -B = \begin{pmatrix} -4 & 2 & -6 \\ -7 & -5 & -12 \\ 0 & 2 & 8 \end{pmatrix}$$

$$A - B = \begin{pmatrix} -4 & -6 & 3 \\ 7 & -8 & -7 \\ 20 & 2 & -7 \end{pmatrix} \qquad B - A = \begin{pmatrix} 4 & 6 & -3 \\ -7 & 8 & 7 \\ -20 & -2 & 7 \end{pmatrix}$$

PRODUTO DE UMA MATRIZ POR UM ESCALAR OU REAL (K - A)

ijmxnDada uma matriz **A** = **(a)** e um número real ***K***, o produto **K-A** é feito multiplicando **TODOS os** elementos de **A** por ***K***, resultando numa outra matriz de igual tamanho.

$$4 \times \begin{pmatrix} -2 & 0 \\ 3 & -5 \\ 12 & -8 \end{pmatrix}_{3x2} = \begin{pmatrix} -8 & 0 \\ 12 & 20 \\ 48 & -32 \end{pmatrix}$$

Exemplos.

$$-5 \times \begin{pmatrix} -7 & 15 \\ 0 & -9 \\ 3 & -2 \end{pmatrix} = \begin{pmatrix} 35 & -75 \\ 0 & 45 \\ -15 & 10 \end{pmatrix}$$

$$(3/2) \times \begin{pmatrix} 2 & -4 \\ 1 & -8 \end{pmatrix} = \begin{pmatrix} 3 & -6 \\ 3/2 & -12 \end{pmatrix}$$

$$3 \times \begin{pmatrix} 4 & 0 & 5 \\ -3 & 8 & -15 \\ -12 & 0 & 6 \end{pmatrix} = \begin{pmatrix} 12 & 0 & 15 \\ -9 & 24 & -45 \\ -36 & 0 & 18 \end{pmatrix}$$

$$(-4/3) \times \begin{pmatrix} 6 & -2 & 12 \\ 0 & -1 & 9 \\ 5 & 3 & -8 \end{pmatrix} = \begin{pmatrix} -8 & 2.6 & -16 \\ -9 & 1.3 & -12 \\ -6.6 & -4 & 10.6 \end{pmatrix}$$

MULTIPLICAÇÃO DE MATRIZES (A - B)

Para a ***multiplicação de duas matrizes***, é necessário que o **NÚMERO DE COLUNAS** da **PRIMEIRA MATRIZ** seja **IGUAL** ao **NÚMERO DE LINHAS** da **SEGUNDA MATRIZ.**

Matriz A = Matriz B

Linhas x Colunas = Linhas x Colunas

$$A = \begin{pmatrix} 5 & 3 & -4 & -2 \\ 8 & -1 & 0 & -3 \end{pmatrix}_{2x4} \quad B = \begin{pmatrix} 1 & 4 & 0 \\ -5 & 3 & 7 \\ 0 & -9 & 5 \\ 5 & 1 & 4 \end{pmatrix}_{4x3}$$

(2) x [4] ✓ [4] x (3)

$$C = \begin{pmatrix} C_{11} & C_{12} & C_{13} \\ C_{21} & C_{22} & C_{23} \end{pmatrix}_{2x3}$$

E obtêm-se os seguintes resultados:

$$A = \begin{pmatrix} 5 & 3 & -4 & -2 \\ 8 & -1 & 0 & -3 \end{pmatrix}_{2x4} \quad B = \begin{pmatrix} 1 & 4 & 0 \\ -5 & 3 & 7 \\ 0 & -9 & 5 \\ 5 & 1 & 4 \end{pmatrix}_{4x3}$$

A x B = C

**** La multiplicación se hace Filas x Columnas***

$C_{11} = 5 - 15 + 0 - 10 = \mathbf{-20}$
$C_{12} = 20 + 9 + 36 - 2 = \mathbf{63}$
$C_{13} = 21 - 20 - 8 = \mathbf{-7}$
$C_{21} = 8 + 5 - 15 = \mathbf{-2}$
$C_{22} = 32 - 3 - 3 = \mathbf{26}$
$C_{23} = -7 - 12 = \mathbf{-19}$

$$C = \begin{pmatrix} -20 & 63 & -7 \\ -2 & 26 & -19 \end{pmatrix}_{2x3}$$

Exemplo de 2x2

$$A = \begin{pmatrix} -5 & 3 \\ 4 & 7 \end{pmatrix}_{2x2} \quad B = \begin{pmatrix} 9 & 0 \\ 2 & -5 \end{pmatrix}_{2x2}$$

A x B = C

C_{11} = -45 + 6 = **-39**
C_{12} = 0 - 15 = **-15**
C_{21} = 36 + 14 = **50**
C_{22} = 0 – 35 = **-35**

$$C = \begin{pmatrix} -39 & -15 \\ 50 & -35 \end{pmatrix}_{2x2}$$

Exemplo de 3x3

$$A = \begin{pmatrix} 0 & -7 & 3 \\ 2 & 4 & -1 \\ 12 & 7 & -6 \end{pmatrix}_{3x3} \quad B = \begin{pmatrix} 5 & 4 & -3 \\ 0 & -6 & 10 \\ -2 & 8 & 11 \end{pmatrix}_{3x3}$$

A x B = C

C_{11} = – 6 = **-6**
C_{12} = 42 + 24 = **66**
C_{13} = -70 + 33 = **-37**
C_{21} = 10 + 2 = **12**
C_{22} = 8 – 24 - 8 = **-24**
C_{23} = -6 + 40 - 11 = **23**
C_{31} = 60 + 12 = **72**
C_{32} = 48 - 42 – 48 = **-42**
C_{33} = -36 + 70 – 66 = **-32**

$$C = \begin{pmatrix} -6 & 66 & -37 \\ 12 & -24 & 23 \\ 72 & -42 & -32 \end{pmatrix}_{3x3}$$

Exemplos.

$$A = \begin{pmatrix} 0 & -7 \\ 2 & 4 \\ 12 & 7 \end{pmatrix}_{3x2} \qquad B = \begin{pmatrix} 5 & 4 & -3 \\ 0 & -6 & 10 \end{pmatrix}_{2x3}$$

A x B = C

$C_{11} = -2 - 24 = \mathbf{-26}$
$C_{12} = 10 + 27 = \mathbf{37}$
$C_{13} = 0 + 6 = \mathbf{6}$
$C_{21} = -5 - 8 = \mathbf{-13}$
$C_{22} = 25 + 9 = \mathbf{34}$
$C_{23} = 0 + 2 = \mathbf{2}$
$C_{31} = 0 + 48 = \mathbf{48}$
$C_{32} = 0 - 54 = \mathbf{-54}$
$C_{33} = 0 + 12 = \mathbf{-12}$

$$C = \begin{pmatrix} -26 & 37 & 6 \\ -13 & 34 & 2 \\ 48 & -54 & -12 \end{pmatrix}_{3x3}$$

Exemplo de 2x2

$$A = \begin{pmatrix} 6 & -2 \\ -8 & 10 \end{pmatrix}_{2x2} \qquad B = \begin{pmatrix} 1 & -3 \\ 2 & 12 \end{pmatrix}_{2x2}$$

A x B = C

$C_{11} = 6 - 4 = \mathbf{2}$
$C_{12} = -18 - 24 = \mathbf{-42}$
$C_{21} = -8 + 20 = \mathbf{12}$
$C_{22} = 24 + 120 = \mathbf{144}$

$$C = \begin{pmatrix} 2 & -42 \\ 12 & 144 \end{pmatrix}_{2x2}$$

Exemplo de 3x3

$$A = \begin{pmatrix} -2 & 0 & 1 \\ 8 & 4 & 3 \\ 3 & -1 & 0 \end{pmatrix}_{3x3} \quad B = \begin{pmatrix} 5 & -2 & 4 \\ 0 & 8 & 3 \\ 1 & 0 & -1 \end{pmatrix}_{3x3}$$

A x B = C

C_{11} = -10 + 0 + 1 = **-9**
C_{12} = 4 + 0 + 0 = **4**
C_{13} = -8 + 0 - 1 = **-9**
C_{21} = 40 + 0 + 3 = **43**
C_{22} = -16 + 32 + 0 = **16**
C_{23} = 32 + 12 - 3 = **41**
C_{31} = 15 + 0 + 0 = **15**
C_{32} = -6 - 8 + 0 = **-14**
C_{33} = 12 - 3 + 0 = **-9**

$$C = \begin{pmatrix} -9 & 4 & -9 \\ 43 & 16 & 41 \\ 15 & -14 & 9 \end{pmatrix}_{3x3}$$

CASOS EM QUE AS MATRIZES NÃO PODEM SER MULTIPLICADAS

Nem todas as matrizes podem ser multiplicadas. Recorde-se que a ***primeira condição*** para ***multiplicar duas matrizes*** é que o ***número de colunas da primeira matriz*** deve ser ***igual*** ao ***número de linhas da segunda matriz***.

Os seguintes casos de multiplicação de matrizes não podem ser efectuados porque a primeira matriz tem 3 colunas e a segunda matriz tem 2 linhas:

$$\begin{pmatrix} 1 & 3 & -2 \\ 4 & 0 & 5 \end{pmatrix} \cdot \begin{pmatrix} 2 & 1 \\ 3 & -1 \end{pmatrix} \longleftarrow \times$$

Mas se invertermos a ordem, elas podem ser multiplicadas. Porque a primeira matriz tem duas colunas e a segunda matriz tem duas linhas:

$$\begin{pmatrix} 2 & 1 \\ 3 & -1 \end{pmatrix} \cdot \begin{pmatrix} 1 & 3 & -2 \\ 4 & 0 & 5 \end{pmatrix} = \begin{pmatrix} 2 \cdot 1 + 1 \cdot 4 & 2 \cdot 3 + 1 \cdot 0 & 2 \cdot (-2) + 1 \cdot 5 \\ 3 \cdot 1 + (-1) \cdot 4 & 3 \cdot 3 + (-1) \cdot 0 & 3 \cdot (-2) + (-1) \cdot 5 \end{pmatrix}$$

Teríamos como resultado:

$$= \begin{pmatrix} \mathbf{6} & \mathbf{6} & \mathbf{1} \\ \mathbf{-1} & \mathbf{9} & \mathbf{-11} \end{pmatrix}$$

PROPRIEDADES DA MULTIPLICAÇÃO DE MATRIZES

Este tipo de operação matricial tem as seguintes caraterísticas:

- A multiplicação de matrizes é ***associativa***:

$$(A \cdot B) \cdot C = A \cdot (B \cdot C)$$

- A multiplicação de matrizes também tem uma propriedade ***distributiva***:

$$A \cdot (B + C) = A \cdot B + A \cdot C$$

- O produto de matrizes ***não é comutativo***:

$$A \cdot B \neq B \cdot A$$

Por exemplo, a seguinte multiplicação de matrizes dá um resultado:

$$\begin{pmatrix} 1 & -1 \\ 2 & 3 \end{pmatrix} \cdot \begin{pmatrix} -2 & 5 \\ 0 & 1 \end{pmatrix} = \begin{pmatrix} 1 \cdot (-2) + (-1) \cdot 0 & 1 \cdot 5 + (-1) \cdot 1 \\ 2 \cdot (-2) + 3 \cdot 0 & 2 \cdot 5 + 3 \cdot 1 \end{pmatrix}$$

Resultando em:

$$= \begin{pmatrix} \mathbf{-2} & \mathbf{4} \\ \mathbf{-4} & \mathbf{13} \end{pmatrix}$$

Mas o resultado do produto é diferente se invertermos a ordem de multiplicação das matrizes:

$$\begin{pmatrix}-2 & 5\\ 0 & 1\end{pmatrix}\cdot\begin{pmatrix}1 & -1\\ 2 & 3\end{pmatrix}=\begin{pmatrix}-2\cdot 1+5\cdot 2 & -2\cdot(-1)+5\cdot 3\\ 0\cdot 1+1\cdot 2 & 0\cdot(-1)+1\cdot 3\end{pmatrix}$$

Obteve-se o seguinte resultado:

$$=\begin{pmatrix}\mathbf{8} & \mathbf{17}\\ \mathbf{2} & \mathbf{3}\end{pmatrix}$$

Como sabemos, no que diz respeito a esta ***propriedade comutativa***, a ordem dos factores ***afecta*** o resultado.

- Além disso, qualquer matriz multiplicada pela matriz identidade resulta na mesma matriz. A isto chama-se a ***propriedade da identidade multiplicativa***:

$$A\cdot I=A$$

$$I\cdot A=A$$

Por exemplo:

$$\begin{pmatrix}2 & 7\\ -6 & 5\end{pmatrix}\cdot\begin{pmatrix}1 & 0\\ 0 & 1\end{pmatrix}=\begin{pmatrix}\mathbf{2} & \mathbf{7}\\ \mathbf{-6} & \mathbf{5}\end{pmatrix}$$

- E, finalmente, qualquer matriz multiplicada pela matriz nula é igual à matriz nula. A isto chama-se a ***propriedade multiplicativa do zero***:

$$A \cdot 0 = 0$$

$$0 \cdot A = 0$$

Por exemplo:

$$\begin{pmatrix} 6 & -4 \\ 3 & 8 \end{pmatrix} \cdot \begin{pmatrix} 0 & 0 \\ 0 & 0 \end{pmatrix} = \begin{pmatrix} \mathbf{0} & \mathbf{0} \\ \mathbf{0} & \mathbf{0} \end{pmatrix}$$

MENOR COMPLEMENTAR, ADJUNTO E MATRIZ ADJUNTA

O MENOR COMPLEMENTAR DE UMA MATRIZ

ijijijDada uma **matriz quadrada A** de **ordem n**, ou seja, 2x2, 3x3, etc... o mínimo complementar de um elemento de **A(a)** é o determinante obtido eliminando a linha (**i**) e a coluna (**j**) em que **a** se encontra e é representado por **M** .

Exemplo.

11O complementar menor de **M** .

$$A = \begin{pmatrix} \circled{-5} & 0 & 4 \\ 8 & -3 & 2 \\ 5 & 1 & 7 \end{pmatrix}$$

EL ***MENOR COMPLEMENTARIO*** DE **-5**

$$M_{11} = \begin{vmatrix} -3 & 2 \\ 1 & 7 \end{vmatrix} = -21 - 2 = \boxed{\mathbf{-23}}$$

**** APLICANDO DETERMINANTES***

23E o de **M** .

$$M_{23} = \begin{vmatrix} -5 & 0 \\ 5 & 1 \end{vmatrix} = -5 - 0 = \boxed{\mathbf{-5}}$$

FIXAÇÃO DE UMA MATRIZ

ijA fixação (**A**) de uma matriz é obtida pela seguinte fórmula:

$$A_{ij} = (-1)^{i+j} \times M_{ij}$$

1111Continuando com o primeiro Menor complementar (**M**), o Adjunto (**A**) seria obtido da seguinte forma

$M_{11} = -23 \qquad A = \begin{pmatrix} -5 & 0 & 4 \\ 8 & -3 & 2 \\ 5 & 1 & 7 \end{pmatrix}$

$$A_{ij} = (-1)^{i+j}\, M_{ij}$$
$$A_{11} = (-1)^{1+1} \times (-23)$$
$$A_{11} = (-1)^{2} \times (-23)$$
$$A_{11} = (1) \times (-23)$$
$$A_{11} = \mathbf{-23}$$

Mas também pode ser calculado criando uma ***matriz de sinais*** de igual ordem, colocando os sinais (+ -) e intercalando-os por linhas, começando pelo positivo (+), para proceder à multiplicação do menor complementar obtido pelo sinal de onde se encontra o valor calculado, exemplo.

$$\begin{pmatrix} + & - & + \\ - & + & - \\ + & - & + \end{pmatrix}$$

$$M_{11} = +-23$$
$$= \mathbf{-23}$$

Nota: Nem sempre o resultado terá o mesmo sinal que o Anexo calculado.

2323Por exemplo, o Menor complementar de **M = -5**, o seu Adjunto seria **A = 5**, ou seja, de sinal oposto.

Para descobrir a razão do resultado, o cálculo é aplicado com a mesma fórmula.

$$\boxed{A_{ij} = (-1)^{i+j}\ M_{ij}}$$

$M_{23} = 5$

$$A = \begin{pmatrix} -5 & 0 & 4 \\ 8 & -3 & \textcircled{2} \\ 5 & 1 & 7 \end{pmatrix}$$

$$A_{ij} = (-1)^{i+j}\ M_{ij}$$
$$A_{23} = (-1)^{2+3} \times (-5)$$
$$A_{23} = (-1)^{5} \times (-5)$$
$$A_{23} = (-1) \times (-5)$$
$$A_{23} = \mathbf{5}$$

Com a ***matriz de sinal***, obtém-se o mesmo resultado.

$$\begin{pmatrix} + & - & + \\ - & + & - \\ + & - & + \end{pmatrix}$$

$$M_{23} = - -5$$
$$= \mathbf{5}$$

Exemplos.

$$A = \begin{pmatrix} -5 & 0 & 4 \\ 8 & -3 & 2 \\ 5 & 1 & 7 \end{pmatrix} \qquad \begin{pmatrix} + & - & + \\ - & + & - \\ + & - & + \end{pmatrix}$$

$$M_{22} = \begin{vmatrix} -5 & 4 \\ 5 & 7 \end{vmatrix} = -35 - 20 = \boxed{-55} \qquad A_{22} = +-55 = \mathbf{-55}$$

$$M_{31} = \begin{vmatrix} 0 & 4 \\ -3 & 2 \end{vmatrix} = 0 - (-12) = \boxed{12} \qquad A_{31} = ++12 = \mathbf{12}$$

$$M_{32} = \begin{vmatrix} 8 & 2 \\ 5 & 7 \end{vmatrix} = 56 - 10 = \boxed{46} \qquad A_{32} = -+46 = \mathbf{-46}$$

MATRIZ DE ADJUNTOS OU CO-FACTORES

ijijDada uma Matriz quadrada (**A**), a sua Matriz Adjunta ou cofator (**Adj(A)**) é o resultado da substituição de cada termo (**a**) de A pelo cofator (**a**) de (**A**).

$$a_{ij} = (-1)^{i+j} \times M_{ij}$$

a$_{ij}$ = ADJUNTO ij

M$_{ij}$ = MENOR COMPLEMENTARIO ij

Exemplo.

$$B = \begin{pmatrix} -3 & 2 & 0 \\ 1 & -1 & 2 \\ -2 & 1 & 3 \end{pmatrix}$$

Com base no facto de a ordem dos sinais ser intercambiável:

$$B = \begin{pmatrix} -3 & 2 & 0 \\ 1 & -1 & 2 \\ -2 & 1 & 3 \end{pmatrix} \quad \begin{pmatrix} \oplus & \ominus & \oplus \\ - & + & - \\ + & - & + \end{pmatrix}$$

111213Cálculo dos cofactores de **a** , **a e a** :

$$a_{11} = +\begin{vmatrix} -1 & 2 \\ 1 & 3 \end{vmatrix} = +(-3-2) = \mathbf{-5}$$

$$a_{12} = -\begin{vmatrix} 1 & 2 \\ -2 & 3 \end{vmatrix} = -(3+4) = \mathbf{-7}$$

$$a_{13} = +\begin{vmatrix} 1 & -1 \\ -2 & 1 \end{vmatrix} = +(1-2) = \mathbf{-1}$$

212223Cálculo dos cofactores de **a** , **a e a** :

$$a_{21} = -\begin{vmatrix} 2 & 0 \\ 1 & 3 \end{vmatrix} = -(6 - 0) = \textbf{-6}$$

$$a_{22} = +\begin{vmatrix} -3 & 0 \\ -2 & 3 \end{vmatrix} = +(-9 - 0) = \textbf{-9}$$

$$a_{23} = -\begin{vmatrix} -3 & 2 \\ -2 & 1 \end{vmatrix} = -(-3 + 4) = \textbf{-1}$$

313233Cálculo dos cofactores de **a , a e a :**

$$a_{31} = +\begin{vmatrix} 2 & 0 \\ -1 & 2 \end{vmatrix} = +(4 - 0) = \textbf{4}$$

$$a_{32} = -\begin{vmatrix} -3 & 0 \\ 1 & 2 \end{vmatrix} = -(-6 - 0) = \textbf{6}$$

$$a_{33} = +\begin{vmatrix} -3 & 2 \\ 1 & -1 \end{vmatrix} = +(3 - 2) = \textbf{1}$$

Resultado da Matriz de Adjunção ou Cofator.

$$Adj\,(B) = \begin{pmatrix} -5 & -7 & -1 \\ -6 & -9 & -1 \\ 4 & 6 & 1 \end{pmatrix}$$

Exercício.

Matriz C

$$C = \begin{pmatrix} 2 & -2 & 2 \\ 2 & 1 & 0 \\ 3 & -2 & 2 \end{pmatrix}$$

Matriz de adjunção (**Adj(C)**)

$$Adj\,(C) = \begin{pmatrix} 2 & -4 & -7 \\ 0 & -2 & -2 \\ -2 & 4 & 6 \end{pmatrix}$$

A MATRIZ INVERSA

A ***matriz inversa*** de uma matriz é igual à matriz adjunta da sua matriz transposta, dividida pelo seu determinante, desde que o determinante não seja zero.

Definição técnica

*Uma **matriz inversa** é a transformação linear de uma matriz através da multiplicação da inversa do determinante da matriz pela matriz transposta adjacente.*

Por outras palavras, uma matriz inversa é a multiplicação da inversa do determinante pela matriz adjunta transposta.

Teorema:

"Seja **A** uma matriz regular de dimensão **n**, então ela tem apenas uma matriz inversa".

$^{-1}$Como a matriz inversa de uma matriz **A** é única, podemos dar-lhe o seu próprio nome: **A** .

PROPRIEDADES DA MATRIZ INVERSA

Sejam **A** e **B** duas matrizes regulares de dimensão **n**, então

- $^{-1}$*A matriz inversa de* **A**, **A** , *é regular e a sua inversa é* **A**:

$$(A^{-1})^{-1} = A$$

- *Inversa do produto de matrizes:*

$$(AB)^{-1} = B^{-1}A^{-1}$$

- *Inversa da matriz de transposição:*

$$(A^{T})^{-1} = (A^{-1})^{T}$$

MÉTODOS DE SOLUÇÃO PARA OBTER A MATRIZ INVERSA

MATRIZ INVERSA PELO MÉTODO DE GAUSS-JORDAN

Para obter a matriz inversa de uma matriz de base, é necessário adicionar uma matriz identidade.

$$\begin{pmatrix} 2 & 3 & 4 \\ 4 & 3 & 2 \\ 0 & 1 & 0 \end{pmatrix} \text{ Matriz base}$$

$$\left(\begin{array}{ccc|ccc} 2 & 3 & 4 & \mathbf{1} & 0 & 0 \\ 4 & 3 & 2 & 0 & \mathbf{1} & 0 \\ 0 & 1 & 0 & 0 & 0 & \mathbf{1} \end{array}\right)$$

Matriz base | Matriz identidad

Exemplo de 2x2 pelo ***método de Gauss-Jordan.***

$$A = \begin{pmatrix} 1 & 3 \\ 2 & 4 \end{pmatrix}$$

2112Adicionamos a Matriz Identidade para iniciar o método, fazendo primeiro zero o valor de **a** (**2**) e depois com os resultados o valor de **a** (**3**) da Matriz Base.

$$\left(\begin{array}{cc|cc} 1 & \textcircled{3} & 1 & 0 \\ \textcircled{2} & 4 & 0 & 1 \end{array}\right)$$

Passos da solução

$$\begin{array}{l} 4F_1 - 3F_2 \\ F_2 - 2F_1 \end{array} \left(\begin{array}{cc|cc} -2 & 0 & 4 & -3 \\ 0 & -2 & -2 & 1 \end{array}\right)$$

$$\left(\begin{array}{cc|cc} -2 & 0 & 4 & -3 \\ 0 & -2 & -2 & 1 \end{array}\right) \begin{array}{l} F_1/-2 \\ F_2/-2 \end{array}$$

$$\begin{array}{l} F_1/-2 \\ F_2/-2 \end{array} \left(\begin{array}{cc|cc} 1 & 0 & -2 & 3/2 \\ 0 & 1 & 1 & -1/2 \end{array}\right)$$

Portanto, a ***matriz inversa*** de A é:

$$A^{-1} = \begin{pmatrix} -2 & 3/2 \\ 1 & -1/2 \end{pmatrix}$$

$^{-1}$A verificação é feita através da **MULTIPLICAÇÃO** da Matriz Base (**A**) pela Matriz Inversa (**A x A**), da qual devemos obter a Matriz Identidade (**I**).

(*Filas de* **A** x *Columnas de* $\mathbf{A}^{-1}$)

$$A = \begin{pmatrix} 1 & 3 \\ 2 & 4 \end{pmatrix} \qquad A^{-1} = \begin{pmatrix} -2 & 3/2 \\ 1 & -1/2 \end{pmatrix}$$

$i_{11} = -2 + 3 = \mathbf{1}$
$i_{12} = 3/2 - 3/2 = \mathbf{0}$
$i_{21} = -4 + 4 = \mathbf{0}$
$C_{22} = 3 - 2 = \mathbf{1}$

$$\begin{pmatrix} 1 & 0 \\ 0 & 1 \end{pmatrix}$$ ***Matriz identidad (I)***

Exemplo 2.

$$B = \begin{pmatrix} 2 & 6 \\ 1 & 4 \end{pmatrix} \qquad \left(\begin{array}{cc|cc} 2 & \textcircled{6} & 1 & 0 \\ \textcircled{1} & 4 & 0 & 1 \end{array}\right)$$

$$\begin{array}{r} 4F_1 - 6F_2 \\ F_1 - 2F_2 \end{array} \left(\begin{array}{cc|cc} 2 & 0 & 4 & -6 \\ 0 & -2 & 1 & -2 \end{array}\right) \qquad \begin{array}{r} F_1/2 \\ F_2/-2 \end{array} \left(\begin{array}{cc|cc} 1 & 0 & 2 & -3 \\ 0 & 1 & -1/2 & 1 \end{array}\right)$$

$$\underbrace{}_{I} \quad \underbrace{}_{B^{-1}}$$

$$B^{-1} = \begin{pmatrix} 2 & -3 \\ -1/2 & 1 \end{pmatrix}$$

MATRIZ INVERSA PELO MÉTODO STUD

Exemplo 1 de 3x3

Tendo uma Matriz Base (**A**), adiciona-se a Matriz Identidade para iniciar o procedimento.

$$A = \begin{pmatrix} 2 & 2 & -1 \\ 1 & -3 & -2 \\ 3 & 4 & 1 \end{pmatrix} \qquad \overset{\textbf{Matriz Aumentada}}{\left(\begin{array}{ccc|ccc} 2 & 2 & -1 & \mathbf{1} & 0 & 0 \\ 1 & -3 & -2 & 0 & \mathbf{1} & 0 \\ 3 & 4 & 1 & 0 & 0 & \mathbf{1} \end{array}\right)}$$

Procedimento.

Para iniciar a primeira iteração do método, seleccionamos o valor de **(2)** da primeira linha e primeira coluna da Matriz Base como o nosso ***primeiro pivot*** dos determinantes que vamos calcular, convertendo-o na unidade (1).

$$\left(\begin{array}{c|cc|ccc} \textcircled{2} & 2 & -1 & \mathbf{1} & 0 & 0 \\ \hline 1 & -3 & -2 & 0 & \mathbf{1} & 0 \\ 3 & 4 & 1 & 0 & 0 & \mathbf{1} \end{array}\right) \rightarrow \left(\begin{array}{c|cc|ccc} \textcircled{1} & 2 & -1 & \mathbf{1} & 0 & 0 \\ \hline 1 & -3 & -2 & 0 & \mathbf{1} & 0 \\ 3 & 4 & 1 & 0 & 0 & \mathbf{1} \end{array}\right)$$

Os valores da regra pivô são passados como iguais e os valores abaixo do pivô são transformados em zeros.

$$\left(\begin{array}{ccc|ccc} 1 & 2 & -1 & 1 & 0 & 0 \\ 0 & & & & & \\ 0 & & & & & \end{array}\right)$$

E com o pivô, aplicam-se determinantes, obtendo-se os seguintes resultados:

$$\left(\begin{array}{ccc|ccc} 1 & 2 & -1 & \mathbf{1} & 0 & 0 \\ 0 & -8 & -3 & -1 & 2 & 0 \\ 0 & 2 & 5 & -3 & 0 & 2 \end{array}\right)$$

E continuamos com a segunda iteração com o ***segundo pivô* (-8)**, mas agora cada determinante será dividido pelo pivô anterior **(2)**, obtendo os seguintes resultados.

$$\left(\begin{array}{ccc|ccc} 2 & 2 & -1 & 1 & 0 & 0 \\ 0 & (-8) & -3 & -1 & 2 & 0 \\ 0 & 2 & 5 & -3 & 0 & 2 \end{array}\right)^{\div 2} \longrightarrow \left(\begin{array}{ccc|ccc} 1 & 0 & 7 & -3 & -2 & 0 \\ 0 & 1 & -3 & -1 & 2 & 0 \\ 0 & 0 & -17 & 13 & -2 & -8 \end{array}\right)$$

Terceira iteração.

$$\left(\begin{array}{ccc|ccc} 1 & 0 & 7 & -3 & -2 & 0 \\ 0 & 1 & -3 & 1 & 2 & 0 \\ 0 & 0 & (-17) & 13 & -2 & -8 \end{array}\right)$$

***Terceiro pivô* (-17)**

E os determinantes são divididos pelo pivô anterior **(-8)**, dando o último valor do determinante **(-17)** e os seguintes resultados.

$$\left(\begin{array}{ccc|ccc} 1 & 0 & 7 & -3 & -2 & 0 \\ 0 & 1 & -3 & 1 & 2 & 0 \\ 0 & 0 & (-17) & 13 & -2 & -8 \end{array}\right)^{\div 8} \longrightarrow \left(\begin{array}{ccc|ccc} 1 & 0 & 0 & 5 & -6 & -7 \\ 0 & 1 & 0 & -7 & 5 & 3 \\ 0 & 0 & 1 & 13 & -2 & -8 \end{array}\right)$$

$^{-1}$Finalmente, a matriz inversa **(A)** é obtida multiplicando o valor do último determinante **(1/-17)** por cada elemento da matriz adjacente **(Adj(A))**.

$$\boxed{A^{-1} = \frac{1}{|A|} \times \left|Adj(A)\right|} = = \begin{pmatrix} 5 & -6 & -7 \\ -7 & 5 & 3 \\ 13 & -2 & -8 \end{pmatrix}^{\div 17} \quad \begin{pmatrix} -5/17 & -6/17 & -7/17 \\ -7/17 & 5/17 & 3/17 \\ 13/17 & -2/17 & -8/17 \end{pmatrix}$$

Exemplo 2 de 3x3.

$$A = \begin{pmatrix} 2 & 1 & 3 \\ -1 & 2 & 4 \\ 0 & 1 & 3 \end{pmatrix}$$

Adicionar a matriz de identidade

Matriz Aumentada

$$\left(\begin{array}{ccc|ccc} 2 & 1 & 3 & \mathbf{1} & 0 & 0 \\ -1 & 2 & 4 & 0 & \mathbf{1} & 0 \\ 0 & 1 & 3 & 0 & 0 & \mathbf{1} \end{array}\right)$$

Solução

$$A^{-1} = \begin{pmatrix} 1/2 & 0 & -1/2 \\ 3/4 & 3/2 & -11/4 \\ -1/4 & -1/2 & 5/4 \end{pmatrix}$$

Exercício 2

Matriz Base → **Matriz Aumentada**

$$B = \begin{pmatrix} 2 & 3 & 1 \\ 1 & -1 & 2 \\ 0 & 1 & 0 \end{pmatrix} \longrightarrow \left(\begin{array}{ccc|ccc} 2 & 3 & 1 & \mathbf{1} & 0 & 0 \\ 1 & -1 & 2 & 0 & \mathbf{1} & 0 \\ 0 & 1 & 0 & 0 & 0 & \mathbf{1} \end{array}\right)$$

Matriz Inversa

Solución $B^{-1} = \begin{pmatrix} 2/3 & -1/3 & -7/3 \\ 0 & 0 & 1 \\ -1/3 & 2/3 & -5/4 \end{pmatrix}$

MATRIZ INVERSA DE UMA MATRIZ 2X2 PELO MÉTODO DO DETERMINANTE.

Suponhamos que temos a seguinte matriz:

$$A = \begin{pmatrix} 1 & 3 \\ 2 & 4 \end{pmatrix}$$

Para obter a ***inversa da matriz de*** *A*, começamos o método calculando o valor do determinante (*Δ*) da **matriz A**, que é obtido da seguinte forma:

$$A = \begin{pmatrix} 1 & 3 \\ 2 & 4 \end{pmatrix} \longrightarrow \Delta = (1 \times 4) - (2 \times 3) = \boxed{-2}$$

Agora com relação à **matriz A** vamos obter a ***matriz adjunta de A***, fazendo alguns ajustes, o ***primeiro ajuste*** consiste em ***trocar a ordem dos*** elementos que compõem a ***diagonal superior*** ou ***diagonal dominante***, ou seja:

$$A = \begin{pmatrix} \mathbf{1} & 3 \\ 2 & \mathbf{4} \end{pmatrix} \longrightarrow A = \begin{pmatrix} \mathbf{4} & 3 \\ 2 & \mathbf{1} \end{pmatrix}$$

O ***segundo ajuste*** será em relação aos elementos que compõem a ***diagonal inferior***, em que ***o sinal de cada elemento*** deve ser ***alterado***, resultando finalmente na ***matriz anexa de A***:

$$A = \begin{pmatrix} 4 & \mathbf{3} \\ \mathbf{2} & 1 \end{pmatrix} \longrightarrow A = \begin{pmatrix} 4 & \mathbf{-3} \\ \mathbf{-2} & 1 \end{pmatrix}$$

E, finalmente, ***para obter a inversa da matriz de* A**, dividimos cada elemento da ***matriz adjacente de* A** pelo ***valor do determinante*** (Δ = *-2*), e assim obtemos a ***inversa da matriz de* A**.

$$A^{-1} = \frac{A}{\Delta} = \begin{pmatrix} 4 & -3 \\ -2 & 1 \end{pmatrix} \div (-2) = \boxed{\begin{pmatrix} -2 & 3/2 \\ 1 & -1/2 \end{pmatrix}}$$

EQUAÇÕES MATRICIAIS

O QUE SÃO EQUAÇÕES MATRICIAIS?

As equações matriciais são como as equações normais, mas em vez de serem constituídas por números, são constituídas por matrizes. Por exemplo:

$$AX = B$$

Por conseguinte, a solução ***X*** também será uma matriz.

Como sabe, as matrizes não podem ser divididas. Portanto, ***NÃO PODE*** limpar a matriz ***X*** dividindo a matriz que a multiplicou para o outro lado da equação:

Mas para apagar a matriz ***X***, é necessário seguir todo um procedimento. Vejamos o seguinte exemplo de como limpar equações de matrizes:

$$AX + B = C$$

Os elementos de cada matriz (**A**, **B** e **C**) são os seguintes

$$A = \begin{pmatrix} 2 & 1 \\ 4 & 3 \end{pmatrix} \qquad B = \begin{pmatrix} 3 & -1 \\ 0 & 5 \end{pmatrix} \qquad C = \begin{pmatrix} 2 & 1 \\ 6 & -3 \end{pmatrix}$$

A primeira coisa a fazer é limpar a matriz ***X***, por isso ***vamos subtrair a matriz B do outro membro da equação***:

$$AX + B = C$$

$$AX = C - B$$

Para acabar de limpar a matriz *X*, temos de passar a matriz **A** para o outro membro da equação. No entanto, ***não podemos passá-la dividindo*** como sempre fizemos em equações normais, porque ***as matrizes não podem ser divididas***. Em vez disso, temos de fazer o seguinte:

Temos de multiplicar os dois membros da equação pela ***inversa da matriz que está a multiplicar a matriz X*** *e, além disso, multiplicar os dois membros* ***pelo lado onde se encontra a matriz X.***

Ou seja, a matriz que multiplica *X* é **A**, e está à sua esquerda. *-1*Portanto, **multiplicamos à esquerda os dois membros da equação pela inversa de** A (*A*):

$$AX = C - B$$

$$\mathbf{A^{-1}} \cdot AX = \mathbf{A^{-1}} \cdot (C - B)$$

-1 Em seguida, lembre-se de que ***uma matriz multiplicada por sua inversa é igual à matriz identidade***, ou seja, *A x* **A** = ***I***, então nossa equação matricial é:

$$IX = A^{-1} \cdot (C - B)$$

E, além disso, ***qualquer matriz multiplicada pela matriz identidade produz a mesma matriz***. Portanto:

$$X = A^{-1} \cdot (C - B)$$

E desta forma ***já temos a matriz X limpa***. Agora só precisamos de efetuar as operações matriciais. Então, primeiro ***calculamos a matriz inversa*** 2×2 de **A**:

$$A = \begin{pmatrix} 2 & 1 \\ 4 & 3 \end{pmatrix}$$

$$A^{-1} = \frac{1}{|A|} \cdot \Big(\text{Adj}(A)\Big)^{\boldsymbol{t}}$$

Calculamos o ***adjunto da matriz*** **A**:

$$A^{-1} = \frac{1}{2} \cdot \begin{pmatrix} 3 & -4 \\ -1 & 2 \end{pmatrix}^t$$

Uma vez encontrada a matriz adjunta, a ***matriz transposta*** é calculada para determinar a matriz inversa:

$$A^{-1} = \frac{1}{2} \cdot \begin{pmatrix} 3 & -1 \\ -4 & 2 \end{pmatrix}$$

Substituímos agora todas as matrizes na expressão para calcular a **matriz** X:

$$X = A^{-1} \cdot (C - B)$$

$$X = \begin{pmatrix} \frac{3}{2} & -\frac{1}{2} \\ -2 & 1 \end{pmatrix} \cdot \left(\begin{pmatrix} 2 & 1 \\ 6 & -3 \end{pmatrix} - \begin{pmatrix} 3 & -1 \\ 0 & 5 \end{pmatrix} \right)$$

E passamos a resolver as operações com matrizes. Primeiro calculamos o parêntesis subtraindo as matrizes:

$$X = \begin{pmatrix} \frac{3}{2} & -\frac{1}{2} \\ -2 & 1 \end{pmatrix} \begin{pmatrix} -1 & 2 \\ 6 & -8 \end{pmatrix}$$

E, finalmente, multiplicamos as matrizes:

$$X = \begin{pmatrix} \frac{3}{2} \cdot (-1) + \left(-\frac{1}{2}\right) \cdot 6 & \frac{3}{2} \cdot 2 + \left(-\frac{1}{2}\right) \cdot (-8) \\ -2 \cdot (-1) + 1 \cdot 6 & -2 \cdot 2 + 1 \cdot (-8) \end{pmatrix}$$

$$X = \begin{pmatrix} -\frac{3}{2} - \frac{6}{2} & 3 + 4 \\ 2 + 6 & -4 - 8 \end{pmatrix}$$

$$\boldsymbol{X} = \begin{pmatrix} \mathbf{-\frac{9}{2}} & \mathbf{7} \\ \mathbf{8} & \mathbf{-12} \end{pmatrix}$$

DETERMINANTES

Em matemática, o determinante é definido como uma forma multilinear alternada num espaço vetorial. Esta definição indica uma série de propriedades matemáticas e generaliza o conceito de determinante de uma matriz, tornando-o aplicável em muitos domínios.

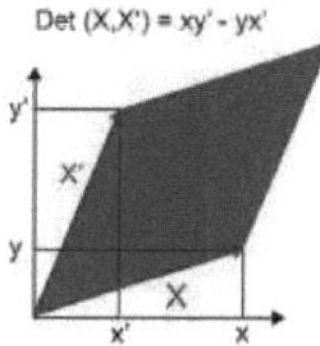

Definição:

Se for uma matriz 2 x 2, o determinante da matriz A é definido, e é expresso como ***det*(A)** ou |**A**|, como o número:

$$det(A) = |A| = \begin{vmatrix} a_{11} & a_{12} \\ a_{21} & a_{22} \end{vmatrix}$$

E é resolvido o seguinte:

$$det(A) = |A| = \begin{vmatrix} a_{11} & a_{12} \\ a_{21} & a_{22} \end{vmatrix} = a_{11} \cdot a_{22} - a_{12} \cdot a_{21}$$

11222112A forma como se obtém um valor de um determinante é através da multiplicação de quatro valores formados por ***Linhas*** e ***Colunas***, onde a operação é a subtração de duas multiplicações, começando pela multiplicação cruzada do valor superior **(C)** pelo valor inferior **(C)** no sentido da esquerda para a direita, menos o valor inferior **(C)** pelo valor superior **(C)** cruzado da direita para a esquerda, ou seja:

$$\begin{pmatrix} 5 & 8 \\ 7 & 9 \end{pmatrix} - \begin{pmatrix} 5 & 8 \\ 7 & 9 \end{pmatrix}$$

(5 x 9) - (7 x 8)

45 - 56 = -11

PROPRIEDADES DOS DETERMINANTES

Primeira propriedade. *Se uma matriz tiver uma linha de zeros, o determinante é zero "0".*

$$\begin{pmatrix} 5 & 0 \\ -3 & 0 \end{pmatrix} \qquad \begin{pmatrix} 8 & -4 & 10 \\ 0 & 0 & 0 \\ 2 & -1 & 6 \end{pmatrix}$$

(5 x 0) - (-3 x 0) = 0 **(8 x 0 x 6) - (2 x 0 x 10) = 0**

Segunda propriedade. Se uma matriz tem duas linhas iguais, o seu determinante é NULO "0".

$$\begin{pmatrix} 6 & 6 \\ 4 & 4 \end{pmatrix} \qquad \begin{pmatrix} 7 & -3 & 10 \\ 5 & 4 & 8 \\ 7 & -3 & 10 \end{pmatrix}$$

(6 x 4) - (4 x 6) = 0 (7 x 4 x 10) - (7 x 4 x 10) = 0

24 - 24 = 0 **280 - 280 = 0**

Terceira propriedade. Se permutarmos duas linhas paralelas de uma Matriz, o seu determinante muda de sinal.

$$\begin{pmatrix} 5 & -2 \\ 4 & 3 \end{pmatrix} \qquad \begin{pmatrix} -2 & 5 \\ 3 & 4 \end{pmatrix}$$

= 15 + 8 = 23 **= -8 – 15 = -23**

$$\begin{pmatrix} -2 & 4 & 5 \\ 6 & 7 & -3 \\ 3 & 0 & 2 \end{pmatrix} = -217 \qquad \begin{pmatrix} -2 & 4 & 5 \\ 3 & 0 & 2 \\ 6 & 7 & -3 \end{pmatrix} = 217$$

Quarta propriedade. Se multiplicarmos TODOS os elementos de uma linha (linha ou coluna) de um determinante por um número diferente de zero (0), o determinante é multiplicado por esse número.

$$(3)\times \rightarrow \begin{pmatrix} -3 & -2 \\ 4 & 5 \end{pmatrix} \longrightarrow \begin{pmatrix} -9 & -6 \\ 4 & 5 \end{pmatrix}$$

$$= 15 + 8 = -7 \qquad = -45 + 24 = -21$$

Normalmente, esta propriedade é utilizada de forma oposta: em vez de multiplicar, procura-se fatorizar.

Quinta propriedade. Se uma linha (linha ou coluna) for adicionada ou subtraída de outra linha multiplicada por um número, o determinante NÃO se altera.

$$\begin{pmatrix} -2 & 4 & 5 \\ 6 & 7 & -3 \\ 3 & 0 & 2 \end{pmatrix} F_2 - 2F_3 \begin{pmatrix} -2 & 4 & 5 \\ 0 & 7 & -7 \\ 3 & 0 & 2 \end{pmatrix} = 217$$

Sexta propriedade. O determinante de uma Matriz é igual ao da sua Transposta.

$$\boxed{|A| = |A^t|}$$

$$A = \begin{pmatrix} 6 & 3 \\ -2 & 1 \end{pmatrix} = A^t = \begin{pmatrix} 6 & -2 \\ 3 & 1 \end{pmatrix}$$

Sétima propriedade. $^{-1}$Se **A** tem a matriz inversa de **A** , então:

$$\boxed{|A^{-1}| = \frac{1}{|A|}}$$

OPERAÇÕES DE DETERMINANTES

Para efetuar operações de obtenção do valor do determinante de uma matriz, esta deve ser sempre uma ***matriz quadrada*** (2x2, 3x3, 4x4, ... etc.), ou seja, ***as mesmas linhas e as mesmas colunas***.

Determinantes de 2x2

Exemplos

$$\boxed{\textbf{\textit{det}}\ \textbf{(A)} = |\textbf{A}|}$$

$$A = \begin{pmatrix} 5 & -3 \\ 6 & 4 \end{pmatrix} \qquad |\textbf{A}| = 20 - (-18) = 20 + 18 = \textbf{38}$$

$$B = \begin{pmatrix} -8 & 0 \\ 4 & -2 \end{pmatrix} \qquad |\textbf{B}| = 16 - (0) = \textbf{16}$$

Exercícios.

$$A = \begin{pmatrix} 7 & -1 \\ 8 & 12 \end{pmatrix} \qquad |\textbf{A}| = 84 - (-8) = \textbf{92}$$

$$B = \begin{pmatrix} -4 & -2 \\ -7 & 5 \end{pmatrix} \qquad |\textbf{B}| = -20 - 14 = \textbf{-34}$$

$$C = \begin{pmatrix} 1/2 & -2 \\ 3/4 & 4 \end{pmatrix} \qquad |\textbf{C}| = 2-(-3/2) = 2/1 + 3/2 = \textbf{7/2}$$

DETERMINANTES 3X3 APLICANDO A REGRA DE SARRUS

A ***regra de Sarrus*** pode ser utilizada de duas formas.

A primeira é escrever por **baixo da matriz apenas as duas primeiras linhas** da seguinte forma:

Exemplo 1.

$$|\mathbf{A}| = \begin{pmatrix} -2 & 4 & 5 \\ 6 & 7 & -3 \\ 3 & 0 & 2 \end{pmatrix}$$

As ***duas primeiras linhas*** da mesma matriz são ***adicionadas na parte inferior***.

$$|\mathbf{A}| = \begin{pmatrix} \mathbf{-2} & \mathbf{4} & \mathbf{5} \\ \mathbf{6} & \mathbf{7} & \mathbf{-3} \\ 3 & 0 & 2 \end{pmatrix}$$
$$\begin{matrix} \mathbf{-2} & \mathbf{4} & \mathbf{5} \\ \mathbf{6} & \mathbf{7} & \mathbf{-3} \end{matrix}$$

As diagonais dominante e inferior são definidas.

$$|\mathbf{A}| = \begin{pmatrix} -2 & 4 & 5 \\ 6 & 7 & -3 \\ 3 & 0 & 2 \end{pmatrix}$$
$$\begin{matrix} -2 & 4 & 5 \\ 6 & 7 & 3 \end{matrix}$$

E o determinante é obtido com as seguintes operações.

$|\mathbf{A}| = -28 + 0 - 36 - (105 + 0 + 48)$

$|\mathbf{A}| = -64 - (153)$

$|\mathbf{A}| = -64 - 153 = \mathbf{-217}$

A ***regra de Sarrus*** pode ser aplicada da mesma forma, ***adicionando as duas primeiras colunas*** ao ***lado direito*** da matriz.

$$|\mathbf{A}| = \begin{pmatrix} -2 & 4 & 5 \\ 6 & 7 & -3 \\ 3 & 0 & 2 \end{pmatrix}$$

$$|\mathbf{A}| = \begin{pmatrix} \mathbf{-2} & \mathbf{4} & 5 \\ \mathbf{6} & \mathbf{7} & -3 \\ \mathbf{3} & \mathbf{0} & 2 \end{pmatrix} \begin{matrix} \mathbf{-2} & \mathbf{4} \\ \mathbf{6} & \mathbf{7} \\ \mathbf{3} & \mathbf{0} \end{matrix}$$

$$|\mathbf{A}| = \begin{pmatrix} \mathbf{-2} & \mathbf{4} & 5 \\ \mathbf{6} & \mathbf{7} & -3 \\ \mathbf{3} & \mathbf{0} & 2 \end{pmatrix} \begin{matrix} \mathbf{-2} & \mathbf{4} \\ \mathbf{6} & \mathbf{7} \\ \mathbf{3} & \mathbf{0} \end{matrix}$$

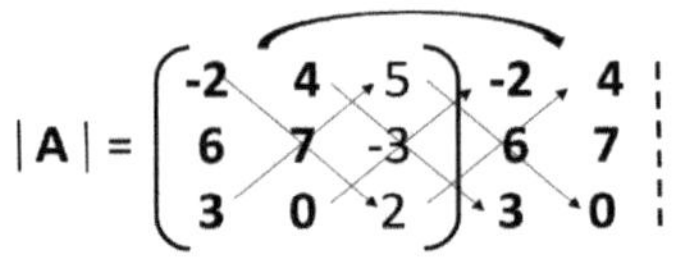

$|\mathbf{A}|$ = -28 - 36 + 0 – (105 + 0 +48)

$|\mathbf{A}|$ = -64 – (153)

$|\mathbf{A}|$ = -64 – 153 = **-217**

Exemplo 2.

Para as duas primeiras linhas

$$|\mathbf{B}| = \begin{pmatrix} 5 & 2 & -3 \\ 0 & 8 & -1 \\ -4 & 5 & 2 \end{pmatrix} \begin{matrix} 5 & 2 & -3 \\ 0 & 8 & -1 \end{matrix}$$

$|\mathbf{B}| = 80 + 0 + 8 - (96 - 25 + 0)$

$|\mathbf{B}| = 88 - (71)$

$|\mathbf{B}| = 88 - 71 = \mathbf{17}$

Pelas duas primeiras colunas

$$|\mathbf{B}| = \begin{pmatrix} 5 & 2 & -3 \\ 0 & 8 & -1 \\ -4 & 5 & 2 \end{pmatrix} \begin{matrix} 5 & 2 \\ 0 & 8 \\ -4 & 5 \end{matrix}$$

$|\mathbf{B}| = 80 + 8 + 0 - (96 - 25 + 0)$

$|\mathbf{B}| = 88 - (71)$

$|\mathbf{B}| = 88 - 71 = \mathbf{17}$

ANEXO

I. Definir que tipo de matriz é e qual a dimensão ou ordem de cada uma.

1.

$$A = \begin{pmatrix} 0 & 0 & 0 & 0 & 0 \\ 0 & 0 & 0 & 0 & 0 \end{pmatrix}$$

2.

$$B = \begin{pmatrix} 1 & 0 & -4 & 9 \end{pmatrix}$$

Tipo____________ ***Dimensión***_______ ***Tipo***____________ ***Dimensión***_______

3.

$$C = \begin{pmatrix} 1 \\ 0 \\ -\sqrt{8} \end{pmatrix}$$

4.

$$D = \begin{pmatrix} 1 & 2 & 3 \\ 6 & 5 & 4 \\ -3 & -4 & 0 \end{pmatrix}$$

Tipo____________ ***Dimensión***_______ ***Tipo***____________ ***Dimensión***_______

5.

$$E = \begin{pmatrix} 1 & 0 & 0 & 0 \\ 0 & -4 & 0 & 0 \\ 3 & 4 & 5 & 0 \\ 1 & 3 & 16 & -78 \end{pmatrix}$$

6.

$$F = \begin{pmatrix} 1 & 4 & \frac{1}{3} \\ 0 & 9 & -5 \\ 0 & 0 & \pi \end{pmatrix}$$

Tipo____________ ***Dimensión***_______ ***Tipo***____________ ***Dimensión***_______

7.

$$G = \begin{pmatrix} 1 & 0 & 0 & 0 \\ 0 & -45 & 0 & 0 \\ 0 & 0 & 3 & 0 \\ 0 & 0 & 0 & 0 \end{pmatrix}$$

8.

$$H = \begin{pmatrix} 1 & 0 & 0 \\ 0 & 1 & 0 \\ 0 & 0 & 1 \end{pmatrix}$$

Tipo____________ ***Dimensión***_______ ***Tipo***____________ ***Dimensión***_______

II. Resolver os seguintes exercícios de operações matriciais.

1.

$$\begin{pmatrix} 0 & -1 \\ -4 & -2 \\ 3 & -9 \end{pmatrix} + \begin{pmatrix} 0 & 1 \\ 4 & 2 \\ -3 & 9 \end{pmatrix}$$

2.

$$\begin{pmatrix} 2 & 1 & 3 \\ -4 & 2 & 1 \end{pmatrix} - \begin{pmatrix} 2 & 0 & 4 \\ 3 & 2 & 5 \end{pmatrix}$$

3.

$$\begin{pmatrix} 3-a & b & -2 \\ 4 & -c+1 & 6 \end{pmatrix} + \begin{pmatrix} 2 & a+b & 4 \\ 1-c & 2 & 0 \end{pmatrix}$$

4.

$$\begin{pmatrix} x-y & -1 & 2 \\ 1 & y & -x \\ 0 & z & 2 \end{pmatrix} + \begin{pmatrix} y & 0 & z \\ -z & 2 & 3 \\ -2 & 3 & x \end{pmatrix}$$

5.

$$-5 \cdot \begin{pmatrix} 2 & 1 & 3 \\ -4 & 2 & 1 \end{pmatrix}$$

6.

$$\begin{pmatrix} -3 & 2 & 1 & 4 \\ 2 & 5 & 3 & -2 \end{pmatrix} \cdot \begin{pmatrix} 0 & -4 & 1 \\ 1 & -2 & 1 \\ 2 & 0 & 2 \\ 3 & 2 & 1 \end{pmatrix}$$

7. O apoio internacional, em milhões de dólares, de três países líderes económicos ***A***, ***B*** e ***C*** a três outros países em desenvolvimento **X**, **Y** e **Z**, durante os anos pandémicos de 2019 e 2020, é dado pelas informações constantes das seguintes matrizes:

$$A_{2019} = \begin{matrix} \\ A \\ B \\ C \end{matrix} \begin{matrix} X & Y & Z \\ \end{matrix} \begin{pmatrix} 11 & 6'7 & 0'5 \\ 14'5 & 10 & 1'2 \\ 20'9 & 3'2 & 2'3 \end{pmatrix} \qquad A_{2020} = \begin{pmatrix} 13'3 & 7 & 1 \\ 15'7 & 11'1 & 3'2 \\ 21 & 0'2 & 4'3 \end{pmatrix}$$

(Linhas: A, B, C; colunas: X, Y, Z.)

Calcular e expressar em forma de matriz o apoio total recebido por cada país.

Quantos milhões é que o país Z recebeu do país B?

Calcular o montante total do apoio dos países líderes a cada país.

8. Para as seguintes matrizes ***A*** e ***B***, calcula ***B-A***.

$$A = \begin{pmatrix} 1 & -3 \\ -2 & 6 \end{pmatrix}, B = \begin{pmatrix} 3 & -5 \\ 2 & 1 \end{pmatrix}$$

Se o produto ***A-B*** for efectuado, a matriz resultante será a mesma?

9. Tal como no exercício anterior, determine se ***B-A*** é igual a ***A-B***.

$$A = \begin{pmatrix} 1 & -1 \\ 0 & -2 \\ 4 & 1 \end{pmatrix}, B = \begin{pmatrix} 3 & 0 & 2 \\ 1 & -1 & 5 \end{pmatrix}$$

10. Calcula todos os produtos possíveis das 3 matrizes seguintes.

$$A = \begin{pmatrix} 1 & 2 & 3 \\ 1 & 1 & 1 \\ 0 & 2 & -1 \end{pmatrix} \quad B = \begin{pmatrix} 1 \\ 2 \\ 1 \end{pmatrix} \quad C = \begin{pmatrix} 2 & 1 & 0 \\ 3 & 4 & 5 \end{pmatrix}$$

11. Determine as transposições das seguintes matrizes.

$$A = \begin{pmatrix} 2 & 1 & 0 & 7 \\ -3 & 4 & 2 & 1 \end{pmatrix} \quad B = \begin{pmatrix} 1 & 1 & 2 \\ 2 & 0 & -1 \\ -6 & -1 & 0 \end{pmatrix} \quad C = \begin{pmatrix} 1 & 3 & 3 \\ 1 & 4 & 3 \\ 1 & 3 & 4 \end{pmatrix}$$

12. Para as matrizes

$$A = \begin{pmatrix} 1 & -1 & 2 \\ 4 & 0 & -3 \end{pmatrix} \quad B = \begin{pmatrix} 0 & 3 & 4 \\ -1 & -2 & 3 \end{pmatrix} \quad C = \begin{pmatrix} 2 & 3 & 0 & 1 \\ -5 & 1 & 4 & -2 \\ 1 & 0 & 0 & -3 \end{pmatrix} \quad D = \begin{pmatrix} 2 \\ 1 \\ 3 \end{pmatrix}$$

calcular:

a) A + B **b)** 3A-4B **c)** A -B **d)** A -D **e)** B -C**f)** C -D

^{t}**g)** A -C ^{t}**h)** D -At ^{t}**i)** B -A ^{t}**j)** D -D ^{t}**k)** D -D **l)** 3C-C

13. Obtenha a matriz inversa das seguintes matrizes.

a.

$$A = \begin{pmatrix} 1 & 2 \\ -1 & 1 \end{pmatrix}$$

b.

$$B = \begin{pmatrix} 1 & 1 & 0 \\ -1 & 1 & 2 \\ 1 & 0 & 1 \end{pmatrix}$$

c.

$$C = \begin{pmatrix} 1 & 2 & -3 \\ 3 & 2 & -4 \\ 2 & -1 & 0 \end{pmatrix}$$

d.

$$D = \begin{pmatrix} -2 & 1 & 4 \\ 0 & 1 & 2 \\ 1 & 0 & -1 \end{pmatrix}$$

14. A partir da matriz **A**, obter os menores complementares.

$$A = \begin{pmatrix} -2 & 4 & 5 \\ 6 & 7 & -3 \\ 3 & 0 & 2 \end{pmatrix}$$

E, em seguida, obter a matriz adjacente de **A**

15. Sejam **A** e **B** as seguintes matrizes quadradas de dimensão 2×2:

$$A = \begin{pmatrix} 3 & -1 \\ 1 & 0 \end{pmatrix} \qquad B = \begin{pmatrix} 4 & 2 \\ -1 & 3 \end{pmatrix}$$

Calcule a matriz *X* que verifica a seguinte equação matricial:

$$AX = B$$

16. Sendo **A**, **B** e **C** as seguintes matrizes de ordem 2

$$A = \begin{pmatrix} 3 & 6 \\ 2 & -1 \end{pmatrix} \qquad B = \begin{pmatrix} -2 & 1 \\ 3 & -3 \end{pmatrix} \qquad C = \begin{pmatrix} 6 & 4 \\ 3 & -2 \end{pmatrix}$$

Calcule a matriz *X* que verifica a seguinte equação matricial:

$$A + XB = C$$

17. Sendo **A**, **B** e **C** as seguintes matrizes de ordem 2

$$A = \begin{pmatrix} -1 & 1 \\ 1 & 0 \end{pmatrix} \qquad B = \begin{pmatrix} 4 & -2 \\ 1 & 0 \end{pmatrix} \qquad C = \begin{pmatrix} 6 & 4 \\ 22 & 14 \end{pmatrix}$$

Calcule a matriz *X* que verifica a seguinte equação matricial:

$$AXB = C$$

18. Sejam **A** e **B** as seguintes matrizes de dimensão 3x3:

$$A = \begin{pmatrix} 1 & 0 & 1 \\ 0 & -1 & 0 \\ 1 & 2 & 2 \end{pmatrix} \qquad B = \begin{pmatrix} 1 & -1 & 0 \\ 2 & 3 & -2 \\ -3 & 1 & -1 \end{pmatrix}$$

Calcule a matriz *X* que verifica a seguinte equação matricial:

$$B^t - AX = B$$

19. Calcule os seguintes determinantes.

a) $\begin{vmatrix} 1 & 3 \\ -1 & 4 \end{vmatrix}$

b) $\begin{vmatrix} -2 & -3 \\ 2 & 5 \end{vmatrix}$

20. Calcule os determinantes correspondentes das seguintes matrizes.

$$\begin{pmatrix} 1 & 8 & 1 \\ 1 & 7 & 0 \\ 1 & 6 & -1 \end{pmatrix} \quad \begin{pmatrix} 3 & 4 & -6 \\ 2 & -1 & 1 \\ 5 & 3 & -5 \end{pmatrix} \quad \begin{pmatrix} 7 & 8 & 0 \\ 0 & -7 & 3 \\ 1 & 0 & 1 \end{pmatrix} \quad \begin{pmatrix} 0 & 3 & 1 \\ -2 & 0 & 2 \\ 3 & 4 & 0 \end{pmatrix}$$

BIBLIOGRAFIA

Baldor, A. (2019). *Álgebra.* México: Patria.

CURSIN. (25 de julho de 2023). *CURSIN.* Recuperado de https://cursin.net/curso-de-algebra-lineal-para-principiantes-de-todas-las-edades/

Estrada Coronado, R. M. (2019). *Álgebra.* México: Pearson.

FACIALIX (25 de julho de 2023). *FACIALIX.* Recuperado de https://blog.facialix.com/curso-gratis-en-espanol-de-algebra-lineal/

Grossman (2019). *Linear Algebra.* México: Mc Graw Hill.

Guzmán, F. (2011). *Álgebra linear: Série universitária* (1ª ed.). México: Patria.

Hernández Pérez, M. (2021). *Álgebra Lineal. Ejercicios de Práctica (*2nd ed.). México: Pearson.

Larson, R. (2013). *Fundamentos de Álgebra Linear* (7ª ed.). México: Cengage Learning.

Lay, D. C. (2007). *Álgebra Linear e suas aplicações.* México: Pearson Educación.

Salazar Guerrero, L. J., & Bahena Román, H. (2021). *Álgebra* (1ª ed.). México: Patria Educación.

Wikipédia (28 de julho de 2023). *Wikipédia.* Recuperado de https://es.wikipedia.org/wiki/%C3%81lgebra_lineal

Printed by Books on Demand GmbH, Norderstedt / Germany